이광연 글

성균관대학교에서는 박사를, 미국 와이오밍 주립대학교에서는 박사후과정을 마친 뒤
아이오와대학교에서 방문교수를 지냈어요. 지금은 한서대학교 수학과 교수로 있으며,
중·고등학교 수학 교과서 집필에 참여했지요. 역사, 신화, 영화 등 다양한 분야에서 수학 원리를
끌어내는 글과 강연을 통해 수학이 우리 생활과 밀접하게 맞닿아 있음을 알려 왔어요.
지은 책으로는 《미술관에 간 수학자》, 《웃기는 수학이지 뭐야!》, 《밥상에 오른 수학》,
《신화 속 수학 이야기》, 《수학자들의 전쟁》, 《멋진 세상을 만든 수학》, 《이광연의 수학 블로그》,
《비하인드 수학파일》, 《이광연의 오늘의 수학》, 《시네마 수학》, 《수학, 인문으로 수를 읽다》,
《수학, 세계사를 만나다》 등이 있어요.

최향숙 글

고등학교 때까지는 수학을 엄청나게 싫어했어요. 하지만 대학에 와서, 수학책을 펴 들었어요.
논리적이고 체계적인 사고를 하고 싶은데, 수학 공부가 도움이 될 거라고 생각했거든요.
그때부터 심심할 때 수학 문제를 풀었고, 그러면서 수학이 좋아졌어요. 이 경험을 어린이들과
나누고 싶어서 수학을 접목한 동화도 기획하고 《눈높이 수학 학습 동화》와 같은 책을 썼어요.
《황당하지만 수학입니다》에도 참여하게 되었지요. 수학 분야 외에 기획하고 쓴 책으로는
《엉뚱하지만 과학입니다》, 《넥스트 레벨》 등의 시리즈와 《우글 와글 미생물을 찾아봐》,
《탄소제로 특공대 지구 똥구멍을 막아라》와 같은 단행본이 있어요.

김종채 그림

안녕하세요. 전 세계의 어린이들이 행복할 수 있도록
여행을 다니며 이곳저곳에 그림을 그리는 김종채입니다.
궁금하지만 이해하기 어려웠던 수학 이야기를 제 그림과 함께 즐겁게 봐 줬으면 해요.
이 책을 읽고 있는 여러분의 웃음이 이 세상의 희망입니다!
그린 책으로는 《황당하지만 수학입니다 5 왼팔이 가려운데 오른팔을 긁어?》를 비롯해서
《꼼멍꼼멍 그림수학》 시리즈가 있습니다.

와이즈만 영재교육연구소 감수

창의 영재수학과 창의 영재과학 교재 및 프로그램을 개발했습니다.
구성주의 이론에 입각한 교수학습 이론과 창의성 이론 및 선진교육 이론 연구 등에도
전념하고 있습니다. 국내 최고의 사설 영재교육 기관인 와이즈만 영재교육에
교육 콘텐츠를 제공하고 교사 교육을 담당하고 있습니다.

황당하지만 수학입니다

8 확률이 우리 동네
해결사라고?

와이즈만 BOOKs

황당하지만 **수학**입니다

8 확률이 우리 동네
해결사라고?

1판 1쇄 인쇄 2024년 12월 26일 | 1판 1쇄 발행 2025년 1월 20일

글 이광연 최향숙 | **그림** 김종채 | **감수** 와이즈만 영재교육연구소
발행처 와이즈만 BOOKs | **발행인** 염만숙 | **출판사업본부장** 김현정 | **편집** 김예지 양다운 이지웅
기획·진행 CASA LIBRO | **디자인 포맷** SALT&PEPPER Communications
디자인 퍼플페이퍼 | **마케팅** 강윤현 백미영 장하라

출판등록 1998년 7월 23일 제1998-000170 | **제조국** 대한민국
주소 서울특별시 서초구 남부순환로 2219 나노빌딩 5층
전화 마케팅 02-2033-8987 | **편집** 02-2033-8928 | **팩스** 02-3474-1411
전자우편 books@askwhy.co.kr | **홈페이지** mindalive.co.kr | **사용 연령** 8세 이상
ISBN 979-11-92936-58-1 74410 979-11-90744-79-9(세트)

황당하지만 수학입니다

8 확률이 우리 동네 해결사라고?

이광연·최향숙 글 | 김종채 그림
와이즈만 영재교육연구소 감수

수학

좋아하니?

'수학' 하면 벌써 머릿속이 하얗게 되고 진땀부터 난다고?
그런데 잠깐 생각해 보자. 여러분이 좋아하는 게임을 할 때
무턱대고 한다고 좋은 점수를 얻기 힘들잖아.
나름의 전략과 전술이 필요한데
그건 여러분을 진땀 나게 하는 수학과 관련이 깊어.
우리는 수학에 둘러싸여 살아가지만 정작 이것들이 수학인지
알지 못할 뿐이지.

여러분 머릿속에 떠오르는 많은 생각과 궁금증에 대한 답이
모두 수학이 기본이라면 믿어져?
'설마 이것도 수학이야?'라는 생각이 들 정도로
수학은 우리 주변에서 우리와 함께 살고 있어.
우리가 수학에 조금만 더 다가가고 이해한다면
세상을 바라보는 시야를 넓힐 수 있어.

추리와 탐정 속 수학을 알아볼까?

그래서 이 책에서는 수학을 이용하면 쉽게 이해되는
여러 가지를 살펴보려고 해.
《황당하지만 수학입니다》 1~5권은 이그노벨상 수상자들의 연구를
수와 연산, 패턴, 규칙성과 함수, 통계, 도형과 측정 다섯 분야로
나누어 알아봤지. 지금부터는 우리 주변의 흥미로운 주제를 중심으로
황당하지만 재미있고 쉬운 수학 이야기를 풀어 보려고 해.

초등학생 친구들이 가장 흥미로워 하는 다섯 가지 주제를 뽑았지.
그 세 번째는 바로 '추리와 탐정'이야. 유리창은 누가 깼을까?
강아지는 어디로 사라졌을까? 선생님이 다음에 호명할 사람은 누굴까?
음료수를 얼마에 팔아야 할까?…… 아주 작은 궁금증부터 커다란 고민까지
마치 탐정이 된 듯 차근차근 추리해 보면 수학으로 답을 찾을 수 있어.
어쩌면 여러분을 꼭 닮은 친구 '나'와 언제 어디서든 수학하는 '파이쌤'과
함께, 황당하지만 재미있고 쉬운 수학의 세계로 들어가 보자고.

차례

교과 연계가 궁금해요

용어가 궁금해요

이것도 수학이에요

주인공이 궁금해요

파 이 쌤

먹는 파이도 아니고 와이파이도 아닌
무한소수 원주율 파이(π)처럼
무한한 호기심을 가진 수학 덕후.
수학이 있는 곳이라면 어디든 언제라도
떠날 수 있도록 늘 작은 캐리어를
끌고 다닌다.

나

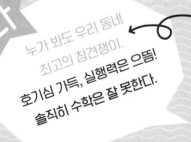

누가 봐도 우리 동네
최고의 참견쟁이.
호기심 가득, 실행력은 으뜸!
솔직히 수학은 잘 못한다.

1

누구야?
유리창을 깬 사람!

일요일 오후, 파이쌤 집에서 낮잠을 자고 있었어.
난데없이 뭔가 깨지는 소리가 나지 뭐야.
나는 너무 놀라 소파에서 벌떡 일어났어.

야구공이 거실 창문을 깨고
쌤 집 안으로 들어온 거였어.
"도대체 누구야?"
나는 야구공을 집어 들고 깨진 유리창 쪽으로 갔어.

저 녀석들이네!

"아, 진짜 뻔뻔하네!
남의 집 유리창을 박살 내 놓고도
계속 공을 던지다니."
나는 씩씩대며 당장이라도 뛰어나가 따지려 했지.
그런데 쌤은 차분하게 빗자루와 쓰레받기를 가지고
오시는 거야.
"나중에 치워요. 이러다 범인들 도망가겠어요."
그러자 쌤은 고개를 저으셨어.

"우리를 속이려고 태연하게 범인이 아닌 척하는 거라고요!"
내가 소리치자, 쌤은 깨진 유리 조각을
쓰레기통에 담으며 말씀하셨어.
"저 친구들은 도망갈 필요도, 우리를 속일 필요도 없어!
범인이 아니니까!"
"엥?"
이건 무슨 황당한 말씀이지?

파이쌤이 알려 주마

각은 절대 속일 수 없어!

창밖에서 공을 던지던 아이들은
창문을 깬 범인이 아니야.
왜냐고?
그 아이들이 던진 지점에서는 공이
우리 집 창문을 뚫고 들어올 **각**이 안 나오거든.

사람이 공을 이렇게
던질 수 있다고요?

변화구의 천재라도
안 되겠네!

30°

공은 왼쪽 위에서 오른쪽 아래를 향해
약 30도 각도로 날아왔어. 공을 던진 지점은
저 아이들이 있는 곳이 될 수 없지.

그러네요!

각으로 엉뚱한 사람을 범인으로 몰지 않게 됐으니
오늘은 각에 대해 알아볼까?

각은 두 *반직선이 만나서 이룬 도형이야.

두 반직선 OA와 OB가 점 O에서
만나 이루어진 도형이 각이야.

<각이 아닌 경우>

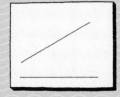

두 *선분이 만나지
않았으니, 각이 아니야.

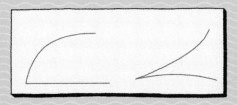

곡선과 직선이 만나거나,
곡선끼리 만날 때는 각을 이룰 수 없어!

각도는 각이 벌어진 정도야.
각도는 각도기로 재.

각도는 50도!

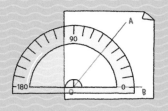

① 각도기의 중심을 각의 꼭짓점에 맞추기
② 각도기의 0도를 수평선에 꼭 맞게 놓기
③ 나머지 변이 가리키는 수가 바로 각도!

*책 마지막 장에서 더 자세한 정보를 확인해 보세요.

각도기는 고대 메소포타미아, 이집트 시대부터 사용했어.
기둥을 세우거나 집을 지을 때 각을 재야 했거든.

직각이 어떻게 90도인지도 **알아볼까?**
고대 수학자들은 매일 태양이 어디에서 뜨는지 관찰했어.
360일이 지나자, 처음 관측한 곳과 똑같은 곳에서
태양이 떠올랐어. 그걸 보고 당시 수학자들은 1년을
원으로 나타냈어. 하루에 1도씩, 1년을 360일, 한 바퀴를 돌아
원이 되는 것을 360도로 정한 거야.
그래서 직각은 360도인 원을 4등분한 90도야.

지금도 **각과 각도를 자주 이용해**.
집을 지을 때는 여전히 바닥과 기둥이나 벽의 각도를 재고
침대나 옷장 같은 가구를 만들 때도 각도를 잘 맞춰야 하지.
장애인용 경사로나 도로의 경사도 등은
안전을 위해 정확하게 측정해야 하는 각이고.
범죄 현장에서도 각과 각도를 이용해.
총알이 날아온 방향을 알아내거나 범인이 남긴 발자국을
분석할 때도 각도가 단서가 되거든.

2
비밀번호를 알고 싶어!

형이 자전거를 새로 샀어.
그런데 나는 손도 못 대게 하는 거 있지.
"한 번만 타게 해 주라!"
아무리 졸라도 형은 콧방귀만 꼈어.
아예 자전거에 새 자물쇠까지 채워 놓더라고!

아……,
뒷자리 두 개가
안 보이네!

다음 날 학교에서 돌아오자마자
나는 형 자전거 주위를 기웃거렸어.
'35로 시작하는……
형이랑 관계된 네 자리 숫자가 뭐가 있을까?'
그때 학교에서 돌아온 형이 나를 미심쩍은 눈초리로 보더니
씩 웃었어.
"꿈도 꾸지 마!"
형은 얄밉게 말하고는 자전거를 타고 학원으로 가 버렸어.

흥,
타고 말 테다!

뒤 두 자릿수를 반드시 알아내야 해!
나는 생각하고 또 생각했지.
하지만 아무리 생각해도 떠오르는 숫자가 없는 거야.
저녁을 먹고 잠자리에 들어서도 그 숫자만 생각했어.

파이쌤이 있으니까! 눈 뜨자마자 달려갔지.
"쌤, 숫자를 돌려서 비밀번호를 설정하는 자물쇠의
앞 두 자리는 아는데 뒤 두 자리를 잊으면 어떡해요?"
쌤은 미심쩍은 눈으로 나를 바라보셨어.
순간 나는 흠칫했지.
다행히 쌤은 아무것도 묻지 않고 말씀하셨어.
"두 자리에 넣을 수 있는 모든 수는 몇 개일까?"

오, 예!

차근차근 생각하면
금세 알아낼 수 있어!

경우의 수라고 들어 봤어?
어떤 일이 일어날 수 있는 경우의 가짓수야.
예를 들어 동전을 던졌을 때
나올 수 있는 경우는 2가지뿐이야.

그렇지, 동전이
서는 법은 없으니까!

주사위를 던졌을 때 나올 수 있는 경우는 6가지지.

동전을 던질 때 나올 수 있는 경우의 수는 2,
주사위를 던질 때 나올 수 있는 경우의 수는 6인 거야.

주사위와 동전을 동시에 던졌을 때의 경우의 수도 구할 수 있어.

이때는 주사위를 던졌을 때 나오는 경우의 수 6과 동전을 던졌을 때 나올 경우의 수 2를 곱하면 돼.

경우의 수   6 ✕ 2 = 12

이처럼 경우의 수를 따지면

자물쇠의 세 번째, 네 번째 숫자도 찾을 수 있어.

자물쇠에 있는 숫자는 0~9야.

따라서 세 번째 숫자는 0~9, 10개의 숫자 중에서 하나야.

네 번째 숫자 역시 0~9, 10개의 숫자 중에서 하나지.

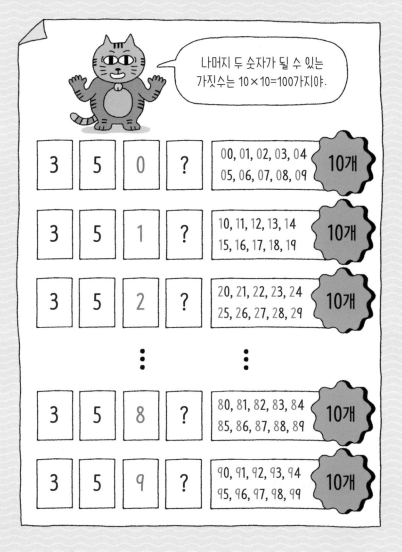

경우의 수에서 순서를 생각해야 할 때가 있어.

기정, 서아, 정수 이렇게 세 명이 이어달리기를 할 때

순서를 정할 수 있는 경우의 수는 6이야.

첫 번째 주자가 되는 경우가 3가지, 두 번째 주자가 되는 경우가

2가지, 세 번째 주자가 되는 경우가 1가지라, 3×2×1=6이거든.

어렵지? 하지만 아래처럼

나뭇가지 그림을 그리면 쉽게 경우의 수를 찾을 수 있어.

경우의 수가 많을 때는
그림을 그리는 게
더 헷갈릴 수 있어!

경우의 수가 1000이나 되니까
진짜 가지가 우거진 나무 같아요!

3

왕 반장님과 파이 탐정

우리 동네 왕 반장님은 동에 번쩍 서에 번쩍
안 나타나는 데가 없어.

동사무소죠? 여기 난간이
부서져서 얼른 고쳐야 할 것 같아요!
어르신들이 다치기라도 하면……

어머, 애들이 찔리면
큰일인데! 누가 이런 걸!

왕 반장님은 분리수거에 특히 신경 쓰시지.

그래서 우리 동에서는 쓰레기 분리수거를 잘 안 하거나
재활용 쓰레기를 일반 쓰레기봉투에 넣어 버리는 일이
거의 없어!

그러던 어느 날, 헌옷 수거함 앞에서
심각한 표정으로 서 있는 왕 반장님을 만났어.

이때 파이쌤을 본 왕 반장님이 다가왔지.

"파이쌤! 범인 좀 찾아 주실 수 있죠?"

"제, 제가요……?"

쌤은 당황한 듯 머리를 긁적였어.

그때 한 누나가 앞으로 나섰어.

"죄송해요! 제가 가방 디자인을 하다가…… 잘 모르고…….."

순간 쌤이 한숨을 휴 내쉬셨지.

"다행이다! 내가 말하지 않아도 돼서…….."

쌤은 범인을 아셨단 말인가?

저 누나가 든 가방을 봐!

가방이 왜요?

파이쌤이 알려 주마

범인도 잡아 주는 기하학

잘린 티셔츠와 누나의 가방을 잘 봐.
티셔츠의 도형을 이용해
가방을 디자인한 모양이야.

저 티셔츠 속 잘린 부분으로
가방의 둥근 원을 만든 거야.

그러네요!

29

평면 도형을 이용한 디자인은 아주 흔해.

이처럼 점, 선과 같은
기하학적 요소를 이용한 무늬를
*기하학적 디자인이라고 해.
평면 도형을 이용한 디자인 역시 기하학적 디자인이지.
평면 도형은 점, 선, 면으로 이루어지니까.

수학 개념이
디자인 소재가 되다니!

인류는 아주 오래전부터 기하학적 디자인을 해 왔어.

기하학적 무늬는 예쁠 뿐더러 **안정감과 균형감**을 주거든.
무늬가 대칭적이고 조화롭게 반복되기 때문이야.

기하학적 무늬는 예술에도 이용돼.

대표적인 게 '테셀레이션'이야.

평면이나 공간을 모양과 크기가 같은 평면 도형으로

빈틈없이 채우는 거야.

스페인 알람브라 궁전에도

크기가 같은 무늬로 가득 채운 벽면이 있지.

알람브라 궁전의 벽면을 감상해 볼래?

와! 나뭇잎처럼 보이는 무늬가
반복되는데 빈틈이 하나도 없네!
어떻게 이런 생각을 했을까요?

수학에서 영감을
얻었다고 볼 수 있지.

4

멍구가 사라졌다!

"으앙, 멍구가 없어!"

아래층에 사는 동생 연수가 울고불고 난리가 났어.

연수야? 멍구가 왜?

으앙, 멍구!

아빠 마중을 나가려고 멍구랑 집을 나섰는데
잠깐 한눈판 사이에 사라져 버렸대.

우리는 당장 멍구를 찾아 나섰지.
아파트 단지를 샅샅이 뒤지고
놀이터도 빠짐없이 찾아봤어.

"단지 안에는 없는 게 분명해!
단지 밖으로 나가 찾아보자!"
내 말이 떨어지자마자 아파트 입구 쪽을 보고
우주가 외쳤어.
"어, 저기 멍구다!"

그때 파이쌤이 딱 나타나셨어.
"뭣 때문에 옥신각신이니?"
우주가 한숨을 내쉬며 멍구에 대해 말했어.
그러더니 나를 비난하는 것처럼 덧붙이는 거야.
"무조건 돌아다닌다고 멍구를 찾을 수 있을까요?"
잠깐 생각에 잠겼던 쌤이 이렇게 말씀하셨어.
"멍구에 대해 좀 알고 돌아다니면 좋겠는걸."
나와 우주는 얼굴을 마주 봤지.
"네?"

집에서 기르던 강아지를 잃어버렸다며
찾아다니는 사람들을 종종 볼 수 있어.
강아지에 대한 걱정과 잃어버린 충격 때문에
강아지 이름을 부르며 여기저기 뛰어다니기도 하지.
하지만 그럴 때 잠깐 크게 숨을 쉬며 생각해 보자고.
강아지가 갈 만한 곳이 어딘지!

37

강아지가 갈 만한 곳을 생각했다면
많이 갔던 순서를 따져 봐.
10번을 외출하면, 몇 번을 그 장소로 갔는지 생각해 보는 거야.

이렇게 생각하면 멍구가 갈 만한 곳을 **확률**로 나타낼 수 있어.

멍구가 갈 만한 곳	
뒷산 둘레길	40%
호수 공원 산책로	30%
아빠 마중 가는 길	20%
강아지 미용실 가는 길	10%

하지만 특별한 상황을 고려해야 할 필요도 있어.
예를 들어 연수는
'강아지와 아빠 마중'을 나가려고 했다고 그랬지?
그런데 만약 강아지가 이 목적을 알고 있는
똑똑한 강아지였다면?

우리 멍구는 똑똑해!
산책 가자는 말과
아빠 마중 나가자는 말을
구별할 수 있다고요!

그럼, 아빠 마중 가는 길을
먼저 찾아보는 게 좋겠는걸!

이때 또 다시 확률을 따져 보는 거야.

왼쪽 길로 가도 버스 정류장이 나오고,
오른쪽으로 가도 버스 정류장이 나오는데……

우리는 항상 오른쪽으로 갔어!

그럼 오른쪽으로 갈 확률이 높겠는걸!

하나를 알려 주니까 바로 둘을 아는걸!

이런 방법은 확률 이론에 기초하고 있어.

확률 이론은 불확실한 사건이 일어날 가능성을

수학적으로 분석하고 설명해.

강아지가 어디서 발견될지는 불확실해.

하지만 강아지가 자주 가는 곳, 강아지를 잃어버린 상황

등으로 강아지가 갔을 확률이 높은 곳을 알 수 있어.

그리고 강아지를 찾아 나서면서

강아지의 흔적, 강아지를 본 사람들의 목격담을 추가하면

확률이 높은 장소의 범위를 점점 좁혀 갈 수 있지.

확률 이론은 수학은 물론 과학, 경제, 정치 등

여러 분야에서 활용돼.

5

콩밥이 싫어요!

엄마는 월, 수, 금 그러니까 일주일에 세 번,
콩밥을 하겠다고 말씀하셨어.
내가 콩을 엄청나게 싫어하는 걸 알면서도!

나는 엄마와 타협하기로 했어.

"좋아요! 한 번에 콩 20개 이하면 먹을게요!"

나는 이런 상황을 기대했지.

하지만 내 기대와 달리 엄마는 이렇게 말씀하시는 거야.

"그래? 좋아! 일주일에 세 번 콩밥을 하는 대신

한 번에 콩이 20개 이하로만 들어가게 담아 줄게."

나는 결국 파이쌤을 찾아갔어.
"엄마의 밥 푸기에 분명 뭔가가 있어요!
그렇죠?"
쌤은 웃으며 답하셨어.
"네 추리가 좀 빗나간 것 같은데."
내가 어리둥절한 표정으로 쌤을 바라보자
쌤이 말을 이으셨지.
"비밀은 밥을 푸는 데에만 있는 게 아니거든."

콩 세기는 어림하기로!

콩밥을 하려면 쌀과 콩을 섞어 밥을 짓잖아?
이때 쌀과 콩은 쌀을 씻을 때 섞을 수도 있고
따로 씻어 섞을 수도 있어.
언제 섞든 네 밥그릇에 20개 정도의 콩만 들어가게 하려면
쌀과 콩의 비율을 잘 조절해야 해.

1인분용 계량컵으로
쌀 1컵마다 콩 20개를
들어가게 하는 거야!

아하! 밥을 할 때
콩의 수를 세는구나!

콩을 하나하나 세는 엄마는 거의 없을걸.
대신 엄마들은 '어림하기'를 하지.
엄마들은 경험적으로 알고 있어.
콩을 한 주먹 쥐면 대략 몇 개인지,
주로 쓰는 계량컵 반쯤 차면 몇 주먹쯤 되는지.

밥이 다 되면, 엄마는 밥을 살살 풀어.

밥과 콩이 골고루 섞여서

콩이 밥 사이사이에 잘 *분산되도록 하는 거야.

그래서 엄마가 담아 준 밥그릇마다 콩의 수는 거의 비슷하게 돼.

이런 어림하기는 실생활에 널리 쓰여.
요리할 때, 한 줌, 한 꼬집과 같은 표현을 쓰는 것도
어림하기의 예야.
마트에서 가격을 계산할 때 (1,980원+1,210원)을
(2,000원+1,200원)으로 계산해서 3,200원을 내는 것도,
서울에서 대전까지 거리를 대략 200km라고 말하는 것도,
서울에서 대전까지 자동차로 2시간 정도 걸린다고 말하는 것도!
어림하기는 수학적 사고에서 중요하게 여겨져.
어림하기를 통해 복잡한 문제를 쉽게 접근할 수 있거든.

6

이건 분명
형의 함정이야!

우리 집에 우주와 아영이가 놀러 왔어.
우리는 넷이 함께 *할리갈리 게임을 했어.
형이 1등, 아영이가 2등, 우주가 3등,
내가 4등으로 게임이 끝났지!

내 동생 꼴등!

그런데 형이 초콜릿 상자를 꺼내는 거야.

"2등 한 우주가 이 초콜릿의 $\frac{1}{2}$을 먹고
3등 한 아영이는 이 초콜릿의 $\frac{1}{4}$을 먹어.
꼴등 내 동생은 이 초콜릿의 $\frac{1}{6}$을 먹고!

난 하나만 먹을게!"
이렇게 말한 형은 초콜릿 하나를 빼 먹고는
학원에 갔어.

형이 나가자마자, 우주가 뻐기듯 말했어.

"자, 그러면 초콜릿을 나눠 볼까?

초콜릿의 $\frac{1}{2}$이면 내 초콜릿은 몇 개지?"

아영이도 생글생글 웃었지.

"내 몫은 $\frac{1}{4}$이니까……."

그런데 우주도 아영이도 더 말하지 못했어.

나 역시 마찬가지였어.

우리랑 게임 할 때부터 알아봤어.
"형이 우리를 괴롭히려고
말도 안 되는 문제를 내고 간 거야!"
우주도 아영이도 고개를 끄덕였어.
"맞아! 너희 형이 우리에게 초콜릿을 줄 사람이 아니지!"
우리는 파이쌤께 달려가 도움을 요청했어.

단위분수와 초콜릿 나누기

고대 사람들도 분수를 썼어.

특히 이집트 사람들은 **단위분수**를 썼다고 해.

단위분수는 **분자가 1인 분수**야.

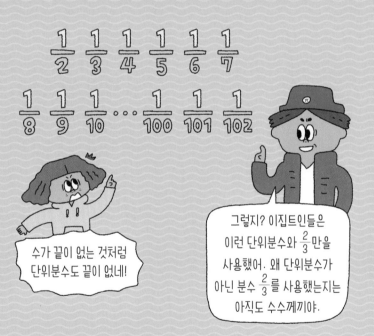

$$\frac{1}{2} \quad \frac{1}{3} \quad \frac{1}{4} \quad \frac{1}{5} \quad \frac{1}{6} \quad \frac{1}{7}$$

$$\frac{1}{8} \quad \frac{1}{9} \quad \frac{1}{10} \cdots \frac{1}{100} \quad \frac{1}{101} \quad \frac{1}{102}$$

수가 끝이 없는 것처럼 단위분수도 끝이 없네!

그렇지? 이집트인들은 이런 단위분수와 $\frac{2}{3}$ 만을 사용했어. 왜 단위분수가 아닌 분수 $\frac{2}{3}$ 를 사용했는지는 아직도 수수께끼야.

이집트 사람들은 단위분수를 이용해 계산도 했지.

그런데 가끔 어려워 보이는 문제가 나오면

독특한 방법으로 문제를 풀었어.

어느 상인이 낙타 17마리를 아들들에게 주며, 유언을 남겼어.

"이 낙타들을 큰아들은 $\frac{1}{2}$, 둘째는 $\frac{1}{3}$, 막내는 $\frac{1}{9}$ 이 되도록

나누어 가지거라."

삼 형제는 고심했어.

17은 2로도, 3으로도, 9로도 나누어떨어지지 않아!

17마리 낙타를 아버지 유언대로 나눌 수가 없었던 거야.

그때 마침 그곳을 지나가던 수학자가

자기가 타고 있던 낙타 1마리를 빌려 주며 말했대.

"18마리의 낙타가 있으니 큰아들은 18의 $\frac{1}{2}$인 9마리,

둘째는 $\frac{1}{3}$인 6마리, 막내는 $\frac{1}{9}$인 2마리를 가지면 됩니다."

맞아! 이상하지!

17의 $\frac{1}{2}$ 은 9가 아니라 8.5야,

17의 $\frac{1}{3}$ 은 5.6666······, $\frac{1}{9}$ 은 1.8888······ 이고.

그런데 당시 이집트 사람들은 소수를 몰랐던 데다

분수도 $\frac{2}{3}$ 와 단위분수만 사용했어.

이집트 사람들은 자기들이 아는 범위,

그리고 자기들이 쓰는 수 내에서 계산 방법을 찾았지.

그 방법이란, 단위분수의 모든 분모가 공통으로 갖는

가장 작은 배수 즉 최소공배수를 이용하는 거야.

2의 배수 :	2	4	6	8	10	12	14	16	18	20······
3의 배수 :	3		6		9	12		15	18	21······
9의 배수 :				9					18	······

2, 3, 9의 최소공배수 18의 $\frac{1}{2}$, $\frac{1}{3}$, $\frac{1}{9}$ 을 구하면

17의 $\frac{1}{2}$, $\frac{1}{3}$, $\frac{1}{9}$ 의 정확한 값과 비슷한

어림값을 구할 수 있었지.

아······. 그럼 혹시 우리 초콜릿도 나눌 수 있어요?

초콜릿 나누기 문제도 낙타 나누기처럼 풀 수 있어.
수학자가 낙타를 1마리 준 것처럼
형이 초콜릿을 먹지 않았다고 가정해 봐.
그러면 초콜릿은 12개가 되겠지? 12는 2, 4, 6의 최소공배수고.

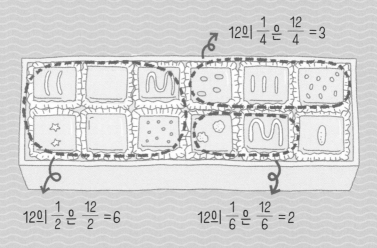

12의 $\frac{1}{4}$ 은 $\frac{12}{4}$ =3

12의 $\frac{1}{2}$ 은 $\frac{12}{2}$ =6

12의 $\frac{1}{6}$ 은 $\frac{12}{6}$ =2

따라서 너희는 각각 6개, 3개, 2개의 초콜릿을 먹으면 돼!

역시 너희 형은 똑똑해!

똑똑하기만 해? 초콜릿도 나눠 주는 달콤한 오빠야.

칫! 아까는 형이 초콜릿을 줄 사람이 아니라더니!

7
다음에 불릴 사람은?

어느 날부터였지?
담임 선생님이 수학 시간마다 아이들을 불러 세워
칠판 앞에서 문제를 풀게 하셨어.

안심하고 있는 나를 아영이가 툭 쳤어.

"너 11번이지? 준비해! 다음이 너야!"

"나라고? 네가 그걸 어떻게 알아?"

"선생님이 부르는 번호에는 항상 규칙이 있어.

오늘은 1, 3, 5, 7, 9 홀수를 부르시잖아!

다음 홀수가 11이니까, 네 차례가 맞을 거야."

진짜 선생님이 내 번호를 부르시는 거야!
그때부터 우리는 이름이 불릴까 봐
고개 숙이고 벌벌 떠는 대신
선생님이 다음에 부를 번호를 추측했어.
그런데 우리가 벙어리가 된 날이 있었어.

그날 선생님이 부른 번호는 '4'였어.

아무리 생각해도 그날 담임 선생님이 왜 4번을 불렀는지

알아낼 수가 없었어.

이럴 땐 파이쌤께 달려가야지.

내 말을 들은 쌤은 아주 쉽게 말씀하셨어.

"28, 10, 25, 7, 22······

이 규칙이라면 다음은 4를 부르셨겠는데."

28

10 = 28 - 18

25 = 10 + 15

7 = 25 - 18

22 = 7 + 15

? = 22 - 18

오늘은 수열에 대해 알아봐야겠는데!

수열요? 어려울 것 같은데 꼭 알아봐야 할까요?

수열은 아름답고 고마운 것?

담임 선생님은 문제 풀이를 시키실 때
'수열'을 이용하셨어.
수열이란 '일정한 규칙에 따라 차례대로 배열된
수의 열'이야.
수열은 종류가 아주 많아.
우선 *항의 차가 일정한 수열이 있어.

1, 2, 3, 4, 5, 6……   각 항의 차가 1
100, 99, 98, 97, 96……

1, 3, 5, 7, 9……   각 항의 차가 2
100, 98, 96, 94, 92……

5, 10, 15, 20, 25……   각 항의 차가 5
99, 94, 89, 84, 79……

이렇게
셀 수 없이
만들 수 있지!

항의 비가 일정한 수열도 있어.

각 항에 일정한 값이 곱해지는 수열이야.

1, 2, 4, 8, 16, 32······   두 항의 비가 2

1, 3, 9, 27, 81······   두 항의 비가 3

1, 4, 16, 64, 256······   두 항의 비가 4

256, 128, 64, 32, 16······   두 항의 비가 $\frac{1}{2}$

729, 243, 81, 27, 9······   두 항의 비가 $\frac{1}{3}$

이것 역시 셀 수 없이
만들 수 있겠는걸요!

맞아! 수가 끝이 없듯
수열 역시 끝도 없이 만들 수 있어.

앞의 두 항을 더해서 다음 항을 만드는

피보나치수열도 있어.

1, 1, 2, 3, 5, 8, 13, 21……
　　 (1+1) (1+2) (2+3) (3+5) (5+8) (8+13)……

두 번째 항이 1인 이유는
그 앞에 항이 1 하나밖에 없기 때문이야.

이 수열은 뒤의 항을 앞의 항으로 나누면

그 값이 점차 ***황금비**인 1.618에 가까워져.

이를테면 반올림하여 값을 구하면

$\frac{3}{2}=1.5$, $\frac{5}{3}=1.667$, $\frac{8}{5}=1.6$, $\frac{13}{8}=1.625$, $\frac{21}{13}=1.6154$……

황금비요?

피보나치수열은 자연, 예술, 수학에서
아름다움을 찾는 사람들에게 큰 영감을 주었지.
건축물에서는 파르테논 신전, 미술 작품으로는
밀로의 비너스를 들 수 있어. 작곡가들은 피보나치수열을
이용해 아름다운 음악을 작곡하기도 했고.
해바라기 씨앗의 배치는 피보나치수열에 따라
나선형 패턴을 이루어 햇빛을 최대로 흡수해.

수학자와 과학자들은 무언가의 변화를 측정해서
수열로 나타내. 그러면 예측해서 문제점을 미리 집어 내
해결 방법을 찾을 수 있으니까.
기후 측정으로 악천후를 예측해 대비하는 것처럼!

수열이 얼마나 아름답고
고마운 건지 알았지?

담임 쌤도 수열을 아름답고
고마운 데 이용하지,
왜 우리를 조마조마하게
하는 데만 쓰실까요?

8

얼마에 팔까?

우리 동네 공원에서 이틀 동안 벼룩시장을 연대.
무엇이든 가지고 나와서 팔면 된다고 해서
우주랑 나도 장사를 하기로 했어.

그런데 이게 웬일이야!
옆 아파트에 사는 수빈이와 진구도 장사를 하네.
그것도 우리와 똑같은 레모네이드 장사였어!

손님들은 두 가게를 보며 웃었어.
"어린데 기특하네!"
"맞아, 그러니 똑같이 팔아 주자고!"
우리나 수빈이네나 손님 수는 비슷했어.
그런데 점심을 먹고 난 뒤였어.
수빈이와 진구가 쏙닥쏙닥하더니,
가격표를 바꿔 다는 거야!

그러자 손님들에게 변화가 생겼어.

"여기는 1,000원인데, 저기는 800원이네!"

"같은 레모네이드면, 싼 데서 사 먹어야지!"

그때부터 손님들이 수빈이네로 몰리는 것 같았어.

그날 저녁, 파이쌤 댁으로 가서 우리는 고민했지.
우리 레모네이드 가격을 내려야 하나 생각한 거야.
나는 수빈이네가 가격을 더 내릴까 봐 걱정됐어.
"수빈이네가 더 많이 팔려고 가격을 더 내릴지도 몰라."
우주는 고개를 저었어.
"재료비가 있는데…… 더 내릴 수는 없을 거야."
"그러네. 어쩌지? 수빈이네 생각을 도무지 알 수가
없으니……."
가만히 듣고 계시던 파이쌤이 웃으며 말씀하셨어.

파이쌤이 알려 주마

가격 결정은 게임 이론으로!

너희를 A, 수빈이네를 B라고 하자.

A, B가 레모네이드를 한 잔에 1,000원씩 팔고 있어.

재료비가 600원이라면

한 잔당 **이익**금은 400원이겠지?

A, B 모두가 1,000원씩 팔 때, 10잔씩 팔았다면

각자 이익은 400원×10잔=4,000원씩이야.

A   B

400원 × 10잔 = 4,000원   400원 × 10잔 = 4,000원

그런데 B가 레모네이드 가격을 800원으로 내리고
A는 그대로 1,000원에 팔면 어떻게 될까?
B는 더 많이 팔고, A는 적게 팔게 될 거야.
만약 B가 판 레모네이드가 30잔, A가 판 레모네이드가 5잔이라면
각각의 이익은 아래와 같아.

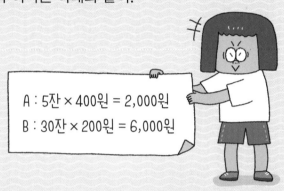

A : 5잔 × 400원 = 2,000원
B : 30잔 × 200원 = 6,000원

A가 800원, B가 1,000원을 받는 반대의 경우도 마찬가지겠지?

레모네이드 가격을 모두 800원으로 내리면 어떻게 될까?
그러면 레모네이드 판매량은 같아질 거야.
15잔씩 팔았다면 각자 이익은 아래와 같지.

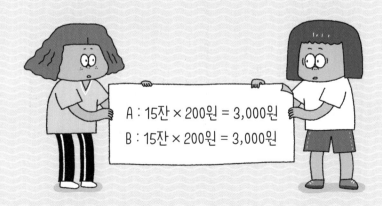

A : 15잔 × 200원 = 3,000원
B : 15잔 × 200원 = 3,000원

표로 만들면 레모네이드 가격을 얼마로 해야
상대보다 손해 보지 않는지 금세 알 수 있어.

가격별 이익금	B의 레모네이드 가격 	
	1,000원	800원
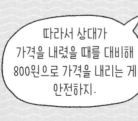 A의 레모네이드 가격 1,000원	A: 4,000(10잔) B: 4,000(10잔)	A: 2,000(5잔) B: 6,000(30잔)
800원	A: 6,000(30잔) B: 2,000(5잔)	A: 3,000(15잔) B: 3,000(15잔)

1,000원을 받으면 좋겠지만,
이 경우는 상대가 가격을 내리면
손해를 보게 돼.

따라서 상대가
가격을 내렸을 때를 대비해
800원으로 가격을 내리는 게
안전하지.

우리는 자기가 속한 크고 작은 집단 속에서
자기에게 가장 유리하다고 생각하는 선택과 결정을 해.
수학은 이런 상황에서 각각의 선택과 결정이
어떤 결과를 낳는지 분석하기도 하는데
이를 게임 이론이라고 해.
적정한 가격을 정하는 것은
상대방의 전략을 모를 때 가장 유리한 선택을 하는
게임 이론의 전략 중 하나지.
이렇게 수학을 이용하면
적정한 가격은 물론 합리적인 선택을 할 수 있어.
그래서 게임 이론은 경제학, 정치학 분야에서도 널리 쓰여.

9
호두과자 상자의 비밀

"오, 여기 새로운 가게가 생겼네!"
나는 가게 안을 보려고 목을 쭉 뺐어.
그런데 가게 문이 열리는 거야.
"오늘은 호두과자가 없는데……."

다음 날, 학교가 끝나자마자 나는 그 가게로 달려갔어.
그런데 가게 문이 닫혀 있었어.
"오라더니…… 문을 안 연 거야?"
이렇게 구시렁대는데 가게 앞에 작은 트럭이 섰어.
그러자 누나가 밖으로 나왔지.
"상자 배달 왔습니다!"
공짜 호두과자를 먹을 생각에 다시 기분이 좋아졌어.

나를 본 누나는 가게 문을 활짝 열며 말했어.

"어서 와! 아버님도 오세요!"

아빠가 아닌데……. 나는 파이쌤을 누나에게 소개했지.

누나는 방금 구운 호두과자를 내왔어.

나는 신이 나서 집어 먹었지.

"와, 진짜 달콤하고 고소해요!"

쌤도 고개를 끄덕이셨어.

"호두의 식감도 아주 좋아요!"

누나는 신나서 말했어.

"그럼, 이제 준비 끝이네요!"

그때 쌤이 조금 난처한 듯 말씀하셨어.

"그렇긴 한데…… 8구용 상자는 다시 주문해야겠어요."

"네?"

놀란 누나가 8구용 상자 하나를 꺼냈어.

파이쌤이 알려 주마

상자는 전개도지!

입체 도형을 펼쳐서 평면에 그린 그림을 **전개도**라고 해.

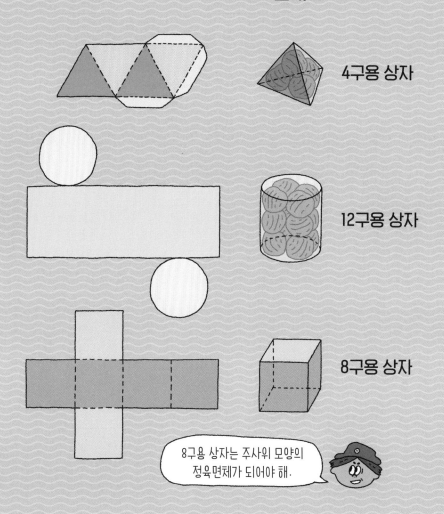

4구용 상자

12구용 상자

8구용 상자

8구용 상자는 주사위 모양의 정육면체가 되어야 해.

그런데 호두과자 가게 사장님네 8구용 상자는
정육면체로 만들어지지 않아.

●으로 표시된 두 부분이 같은 면을 만들기 때문이야.

정육면체를 만들 수 있는 전개도는
마주 보는 두 면이 반드시 떨어져 있어야 해.
이렇게 만든 **정육면체의 전개도**는
아래와 같이 딱 11개뿐이야.

같은 색깔이 마주보는 면이야.
서로 떨어져 있지?

말이 나온 김에 **직육면체의 전개도**도 알아볼까?
직육면체의 전개도는 여러 가지 모양으로 그릴 수 있는데
서로 마주 보는 면은 반드시 합동이어야 해.
또 맞닿는 선분의 길이는 서로 같아야 하지.

10

너 천사 맞지?

우리 반 전체가 천사 찾기 게임을 하기로 했어.
선생님은 우리 반 21명에 맞춰 21개의 쪽지를 만드셨어.
단 하나의 쪽지에만 천사가 그려져 있었지.
선생님은 그 쪽지들을 접어 커다란 상자에 넣은 뒤
우리에게 뽑게 하셨어.

한 명의 천사는 일주일 동안 천사처럼 행동해야 해.

단, 아무도 모르게!

그리고 1주일 후, 투표로 천사를 뽑는 거야.

과반수가 천사를 찾아내면

천사의 임무를 제대로 하지 못해 땅으로 쫓겨나!

천사의 지위를 잃는 거지.

그러면 다시 천사를 뽑고 새 게임을 시작!

과반수가 천사를 찾아내지 못하면

그 천사는 계속 천사로 지내는 거야.

선생님은 1학기 동안

가장 오래 천사로 지낸 친구에게 선물을 주신다고 했어!

나와 우주, 아영이는 게임의 규칙을 철저히 지켰어.

우리 셋뿐만 아니었어.

우리 반 아이들 모두가 규칙을 잘 지켰어.

그럼에도 자연스럽게 천사 후보들이 등장했어.

평상시와 달리 착해진 아이들이 딱 세 명 있었거든.

점심시간 내 숟가락을
챙겨다 줌.

체육 시간에
목마르지 않냐며
물을 건네줌.

내 짝, 욕쟁이로
유명한데 요즘에는
욕을 안 함.

이 세 명 중에서
나는 인주가 천사일 거라고
확신했어. 그래서 인주를
선택하기로 결정했지.
내가 천사를 맞힐 확률은
$\frac{1}{3}$인 거지?

그러던 중 미래가 천사가 아니란 걸 알게 됐어.

천사 찾기 놀이를 시작할 때 뽑은 쪽지를

미래의 필통에서 우연히 봤거든.

나는 신이 나 파이쌤께 천사 찾기 놀이에 대해 얘기했지.

"한 명이 줄었으니, 제가 원래대로 인주를 선택하든,

태규로 바꾸든 천사를 맞힐 확률은 똑같이 더 커지겠죠?

3명 중 한 명을 맞힐 확률은 $\frac{1}{3}$이지만,

2명 중 한 명을 맞힐 확률은 $\frac{1}{2}$이잖아요!"

그 때 내 정신을 번쩍 들게 하는 한마디가 들렸어.

파이쌤이 알려 주마

선택을 바꿔? 말아?

미국 텔레비전 쇼 진행자 중 몬티 홀이라는 사람이 있었어.
몬티 홀은 세 개의 문 뒤에
자동차 1대와 염소 2마리를 세워 놓은 뒤
자동차가 있는 문을 맞히는 시청자에게 자동차를 선물했어.
그런데 몬티 홀은 시청자가
자동차가 있다고 생각하는 문을 지목하면
염소가 있는 문을 하나 열어 보여 준 뒤
선택을 바꿀지 물어봤어.
많은 사람이 선택을 바꾸려 하지 않았어.

선택한 문을 바꾸시겠습니까?

왜 바꾸지? 3개 중 1개를 맞히기에서 2개 중 1개 맞히기로 확률이 높아진 건데!

내 말이 그 말!

어떻게 하는 게 좋을까?

1번에 자동차가 있다고 가정하고

어떤 경우가 생기는지, 어떤 확률이 나오는지 계산해 보자.

먼저, 1번 문을 선택했어.

그래서 몬티 홀이 2번 문을 열어 보여 줬어.

(3번 문을 열어도 결과는 같아.)

2번 문을 선택했을 때는 어떨까?

1번에 자동차가 있으니까, 몬티 홀은 3번 문을 열어 주겠지?

3번 문을 선택하면 어떻게 될까?

1번에 자동차가 있으니까, 몬티 홀은 2번 문을 열어 주겠지?

선택을 유지하는 3번의 경우 중 성공은 1회야.

하지만 선택을 바꿨을 때는 3번 중 2회를 성공했지.

선택을 유지하면 자동차를 탈 확률이 $\frac{1}{3}$,

선택을 바꾸면 자동차를 탈 확률이 $\frac{2}{3}$,

선택을 바꾸는 편이 자동차를 탈 확률이 높아.

2번 혹은 3번에 자동차가 있어도 마찬가지야!

인주가 천사라고 가정하고
인주를 선택했을 때,
태규를 선택했을 때,
미래를 선택했을 때를 따져 봐도
똑같은 확률이 나오겠네!

천사 찾기 게임도 이 '몬티 홀 문제'와 같아.

언뜻 생각하기에는 3명에서 2명으로 선택할 사람이 줄었으니

천사를 맞힐 확률이 $\frac{1}{3}$에서 $\frac{1}{2}$로 높아졌고,

그래서 굳이 선택을 바꿀 필요가 없다고 생각하기 쉬워.

잘 따져 보지 않고 직관적으로만 판단한 탓이야.

한편으로는 자신의 선택이 맞다고 핑계를 만들고

한 번 결정한 사항을 잘 고치지 않으려는

사람들의 심리가 작용한 탓이라고도 볼 수 있대.

수학이 있어 참 다행이지?

수학 덕분에 섣부른 직관을 바로잡고

합리적인 선택을 할 수 있으니까.

갑자기 어디 가?

합리적 선택을
하려면 수학 공부를
해야 할 것 같아서요.

교과 연계가
궁금해요

파이쌤이 알려 주마

용어가 궁금해요

반직선과 선분 [14쪽]

반직선은 한쪽은 시작점이 있고, 다른 쪽은 끝이 없이 계속 이어지는 선이야.
선분은 양쪽 끝이 정해져 있는 선으로, 양쪽 끝에 끝나는 점이 두 개 있어서
그 길이를 잴 수 있어. 수학에는 이 밖에도 끝이 없이 양쪽으로 계속 이어지는
직선, 끊이지 않고 휘어져 있는 곡선, 한 점 주위를 돌며 그 주위로부터 점점
멀어지는 곡선인 나선 등이 있어.

항 [61쪽]

수학에서는 '항'이라는 말이 자주 등장해. 수열에서 항은 수열을 이루는 각각의
숫자나 값을 뜻해. 분수에서 분자와 분모를 항이라고도 하지.
비례식의 네 자리 숫자도 항이라고 해. $1:2=2:4$라는 비례식이 있다면 1, 2, 2, 4가
다 항인 거야. 수식에서 항은 수나 문자의 곱만으로 나타낼 수 있는 식을 말해.
$24 \times 3 + 12 \div 4 - 3 \times 2$에서 24×3, $12 \div 4$, -3×2가 각각의 항이야.

황금비 [63쪽]

아주 오래전부터, 사람들은 무언가가 특정한 비율로 배치되었을 때
조화롭고 아름답다고 느꼈어. 이를 황금비라고 하는데, 황금비는 자연
에서도, 예술 작품에서도 쉽게 찾을 수 있었지. 수학자들은 이 비율을
분석해 수로 나타냈어. 그래서 황금비는 약 $1:1.618$이 되었지.
황금비를 수로 나타낸 덕분에, 건축물 등을 지을 때
황금비를 적용하기 쉬워졌어.